动物探索

超有趣的动物百科

飞行王者：蜻蜓

温会会 编　曾平 绘

浙江摄影出版社

昆虫是最早飞上蓝天的生物。蜻蜓具有高超的飞行本领，是昆虫界的"飞行王者"。

2

如今的蜻蜓，虽然体形不如远古时期那么庞大，但飞行技术依然令人惊叹。

蜻蜓喜欢潮湿的环境，我们常常能够在池塘边和河边见到它们的身影。

　　蜻蜓拥有两对薄薄的翅膀、六条细细的腿和一根长长的尾巴，飞起来轻快又敏捷。

蜻蜓圆圆的脑袋上，长着两只大眼睛，就像两颗绿宝石。

　　蜻蜓有由两万多只小眼组成的复眼，上半部分能够看远处，下半部分能够看近处，视力棒极了！

在五六米远处移动的猎物，蜻蜓都能轻易地发现。

蜻蜓的捕猎行动开始了!
看,蜻蜓朝着蚊子的方向快速
地飞去。

蜻蜓对准目标猛地扑过去，将蚊子成功捕获。

接着，蜻蜓抓住猎物，用发达的咀嚼式口器撕咬蚊子，吃得津津有味！

在繁殖期，雄性蜻蜓和雌性蜻蜓会结成"心"形，共同繁衍下一代。

瞧，雌性蜻蜓在水面飞行时用尾部轻触
水面，做出了"蜻蜓点水"的动作。
原来，它是在水里产卵呢！

不久之后，蜻蜓的幼虫在水中孵化而出。

蜻蜓的幼虫叫作"水虿"，长得和小蝎子有点像。

16

此时的它们没有翅膀，只能生活在水中，并用鳃来呼吸。

水蚤是肉食性动物，喜欢吃水中的昆虫、小蝌蚪和小鱼。

平时，水蚤会埋伏起来，静止不动。当猎物出现时，它们便立刻出动，用捕食钳牢牢锁住猎物，将其吃进肚子里。

在水中，水虿会经历数十次蜕皮，一天天地长大。水虿要在水中生活一至几年，才会爬出水面。

离开水面的水虿，会再蜕一层皮，羽化为成虫。从此，水虿变成了真正的蜻蜓，能够扑扇着翅膀，飞上蓝蓝的天空。

飞行时，蜻蜓可以突然停止，并停在空中不掉落。这种飞行技术被人们称为"悬停"。

在悬停时，蜻蜓的身体几乎保持水平，真是太厉害了！蜻蜓真不愧为"飞行王者"！

蜘蛛、螳螂、青蛙、燕子，都是蜻蜓的天敌。
遇到危险时，蜻蜓会以最快的速度飞走。

责任编辑　袁升宁
责任校对　王君美
责任印制　汪立峰

项目设计　北视国

图书在版编目（ＣＩＰ）数据

飞行王者 ： 蜻蜓 / 温会会编 ； 曾平绘．－－ 杭州 ：
浙江摄影出版社， 2023.2
（动物探索·超有趣的动物百科）
ISBN 978-7-5514-4344-9

Ⅰ．①飞…　Ⅱ．①温…　②曾…　Ⅲ．①蜻蜓目—儿童
读物　Ⅳ．① Q969.22-49

中国国家版本馆 CIP 数据核字（2023）第 008001 号

FEIXING WANGZHE: QINGTING

飞行王者：蜻蜓
（动物探索·超有趣的动物百科）

温会会 / 编　曾平 / 绘

全国百佳图书出版单位
浙江摄影出版社出版发行
　　　地址：杭州市体育场路 347 号
　　　邮编：310006
　　　电话：0571-85151082
　　　网址：www.photo.zjcb.com
制版：北京北视国文化传媒有限公司
印刷：唐山富达印务有限公司
开本：889mm×1194mm　1/16
印张：2
2023 年 2 月第 1 版　　2023 年 2 月第 1 次印刷
ISBN 978-7-5514-4344-9
定价：42.80 元